陪孩子鍛鍊心靈的肌肉

마음에도 근육이 필요해

Copyright © 2021 Text by Blossoming of Mind Magazine & Illustration by Kim Hyojin

All rights reserved.

Traditional Chinese copyright © 2025 by GOTOP INFORMATION INC.

This Traditional Chinese edition was published by arrangement with Whale Story Publishing co. through Agency Liang

別擔心！
小學生的
30個疑難雜症
全都退散

陪孩子鍛鍊心靈的肌肉

心靈的花 著・金孝真 繪

|序|

沒事的！別擔心！

我曾經看過一齣電視節目邀請了一名熟知孩童心理的專家接受訪談。
節目裡的孩子們總是亂發脾氣、愛罵人，有時還會動手打大人。
心教練嚇了一跳，心想「這些孩子怎麼會這樣呢？」
聽見專家解釋孩子們的行動後，更是讓人驚訝不已。
這些孩子們原本並不是這樣的個性，
是因為不知道該如何表達內心的想法，也不懂得如何讓別人知道自己在想什麼。
所以才會鬧脾氣、口出惡言，甚至暴力相向。
專家理解他們的內心，代替他們說了出來。

看到這一幕的心教練不禁覺得，
如果這些孩子們可以訓練自己的內心該有多好。

我希望每個小朋友都能明白,自己就是內心的主人,
所以心教練要教大家訓練內心的方法。
如果懂得訓練內心,
尖銳的心思將變得圓融,
起伏不定的心情會變得柔和。
害羞不安的性格會變得自信大方。
自我中心的想法也能融化成為溫暖體貼的行動。
不只是小朋友,青少年和大人也都可以試著鍛鍊內心。

本書中提到的煩惱,
全都是小朋友親筆寫下來的真實心聲。
那麼,如果想鍛鍊內心,該怎麼做呢?
讓我們現在就出發,深入內心的世界吧!

鍛鍊內心的三層階梯

一、觀察自己
一、觀察自己
仔細觀察自己因為什麼事情而感到難受。

二、輸入新的想法
二、輸入新的想法
雖然傷心、難受,不過試著往好的方面想一想。

三、主人是我
三、主人是我!
內心的主人就是我自己,所以改變心態的力量全都在我身上。
要全心全意相信自己!

| 目錄 |

序 4

第 1 章　我就是我

要做我不喜歡的事嗎？ 10
我不喜歡乖乖聽媽媽的話 14
我不喜歡容易妒忌他人的自己 18
我的好勝心很強嗎？ 22
我好煩惱自己沒有夢想 26

第 2 章　似乎是很奇怪的猜想

朋友們好像不在乎我 32
真羨慕有好人緣的同學 36
好擔心朋友會講我壞話 40
只有我被排擠，真難過 44
我總是好憂鬱 48

第 3 章　沒事的，別擔心

有喜歡的同學在場，好害羞 54
想道歉但沒有勇氣 58
擔心出錯，結果睡不著 62
我有咬指甲的習慣 66
我的父母經常吵架 70

第 4 章　受挫時試著相信內心的力量！

同學喜歡取笑我，讓我壓力好大　76
我想減少補習班的課程，但不敢講　80
媽媽一直嘮叨，好煩！　84
我也想彈好鋼琴　88
有沒有養烏龜的方法呢？　92

第 5 章　我只告訴你喔

只有我被罵，真委屈　98
讀數學感覺是浪費時間　102
要面對那麼多考試，真的好累　106
我的問題就是太直率　110
殺死螞蟻是錯的嗎？　114

第 6 章　每個人都有煩惱

減重這件事好困難　120
額頭不斷冒青春痘　124
愛到底是什麼？　128
我還是好怕打雷閃電　132
我總是想玩遊戲　136
結語　140

第1章
我就是我

* 要做我不喜歡的事嗎?
* 我不喜歡乖乖聽媽媽的話
* 我不喜歡容易妒忌他人的自己
* 我的好勝心很強嗎?
* 我好煩惱自己沒有夢想

要做我不喜歡的事嗎？

「我對朋友們喜歡的流行歌曲、遊戲或是裝備道具等東西都沒有興趣。只喜歡獨自看書或是欣賞老電影，所以朋友們都叫我邊緣人。為了融入朋友圈，我一定要做那些我不喜歡的事嗎？」

一趙○○（小六）

不用擔心會跟朋友疏離

　　心教練曾經有一位朋友很喜歡昆蟲，無論是螞蟻、瓢蟲，或是蚯蚓、螞蟻、蟬、糰子蟲等等⋯⋯

　　他只要看到昆蟲就會蹲在地上觀察，就算其他朋友嘲笑他眼裡只有蟲子、是昆蟲超級粉絲，他也只是笑笑而已。

　　直到有一天，我們去植物園進行校外教學時，他幾乎認識那裡所有的樹木跟昆蟲，無論是多麼特別的昆蟲他都知道，還記得牠們的特徵還有喜好的食物，甚至棲息地全都一清二楚。從那天起，只要我們看到神奇的昆蟲就會找他過來一起觀察。

　　如果你擁有屬於自己的興趣，並且樂在其中的話，那是一件好事，我希望你不要放棄。

　　你擔心會和其他的朋友疏遠嗎？ 心教練告訴你，不需要擔心這種事。

從那些總是能與大家和樂相處的朋友身上，我們可以發現幾個共同點：

一、他們即使擅長某些事情，也不會驕傲或看不起別人。
二、他們不會自顧自的分享，也會傾聽他人的意見，並且給予回應。
三、這些人擁有自己獨特的一面，尤其是大方享受自身興趣的模樣，總是讓人目不轉睛。

你有自己獨特的興趣愛好，也已經具備了其中的一點，所以請光明正大的享受你的興趣，並且尊重其他人的喜好。

就算你們喜歡的興趣不同，也可以成為好朋友喔，你覺得呢？

培養你的興趣，並且和擁有不同興趣的朋友們相親相愛吧！加油！

鍛鍊內心的三層階梯

一、觀察自己

原來我害怕自己過度沉浸在喜歡的事物上,結果跟朋友疏遠了。

二、輸入新的想法

不需要為了融入朋友而放棄自己所愛。我的喜好反而會變成我的優點和魅力!

三、主人是我

只要享受我喜愛的事物,自然而然會找到朋友!所以,不要放棄喜好跟結交好朋友!

我不喜歡
乖乖聽媽媽的話

「媽媽沒有問過我的意見就報名了英語補習班。她還打電話給前不久跟我吵架的朋友,要我們和好。媽媽好像還認為我是小孩,所以,我最近一點也不想跟媽媽說話。」

—劉〇〇(小六)

該怎麼好好表達出自己也有想一個人做的事情呢?

前幾天,奶奶生日時有很多親戚全都團聚在鄉下的奶奶家。

我們一起吃了好多美味的菜餚,愉快的聊天,就在要回家時,奶奶這樣對心教練的爸爸說道:

「孩子啊!小心開車,不要超速,想打瞌睡的話要去休息站休息。」

眾人一聽到「孩子」兩字全都笑了出來,我的爸爸已經五十歲了,不過奶奶卻這樣叮嚀他。

「對於母親而言,子女無論幾歲都是小孩!」

雖然我們自認有很多事可以依靠自己的力量完成,但對於父母來說,我們仍然像個需要被照顧的小孩,父母們的心情都相同。這種時候跟怎麼告訴媽媽,**我有許多可以獨立完成的事情,同時也有想要自己完成的事呢?**

如果選擇生氣或鬧脾氣，父母反而會認為「你還是孩子」，所以可以試著這樣說：

「**我想嘗試獨立完成這件事，如果我覺得困難需要幫忙時，再請您協助我。**」

如此一來，媽媽即使沒有表現出來，心裡也會想著：「這孩子什麼時候長大了？」

當然，父母不會一下子就改變他們的想法，這時候，我們會需要這樣做：

一、站在父母的立場著想。
二、努力說明我想表達的意思。
三、耐心等待父母的許可。

這會是件容易的事嗎？其實不太容易，反而可能會引發一些爭執。但是如果不說清楚自己生氣的原因，或是到底想要什麼，只是一味鬧情緒的話，父母反而會認為我們還是小孩子！

我們必須要確實將想法傳達給父母。
讓他們了解你想獨立完成的事情越來越多，並且也已經長大了。

鍛鍊內心的三層階梯

一、觀察自己

我因為媽媽過度干涉我的生活，所以感到困擾。

二、輸入新的想法

該是表達我已經長大的時候了，試著說明我想要自己做的事情吧！

三、主人是我

將想法傳達給父母，是我的第一個成長任務，完成！

我不喜歡
容易妒忌他人的自己

「我有一位很要好的朋友,她這次考試考了很高分,我因為太妒忌,所以無法祝賀她,不過我不喜歡這樣的自己。」

—朴○○(小六)

妒忌的心情也有益處喔!

最近朋友買了一雙新鞋,我看到後一直說「看起來很難穿」、「顏色不好看」。雖然我很羨慕,但因為不想被看出來,所以不斷挑剔。我也不喜歡這樣的自己,我甚至還會這樣想「我真是惡劣,竟然嫉妒朋友,無法好好稱讚他人!」

但是,妒忌真的是不好的情緒嗎?

你知道把螃蟹抓進籃子後,為什麼不用闔上蓋子嗎?因為即使螃蟹們想要拼命爬出去,不過一旦看到比自己爬得還要高的螃蟹,就會用大螯將牠拖回籃子裡。

因此就算不闔上蓋子,也沒有一隻螃蟹能逃出去。

可是如果螃蟹們沒有把快爬出去的同伴拉回來,而是想著:「啊!原來這樣就能爬出去啊!」然後一個接著一個跟著爬出去,那麼,牠們其實是可以全部逃脫成功的喔!

妒忌的化身

　　妒忌的心情，也有點像那些想逃出籃子的螃蟹。

　　如果對那些自己妒忌的朋友們找麻煩或是在背後說壞話，都是錯誤表達妒忌的行為。

　　我們可以將「妒忌」這種情緒用在對自己有幫助的方向上，讓我來告訴你該怎麼做，在紙上畫三個空格，然後寫下自己的心情。

<心教練的妒忌使用方法>

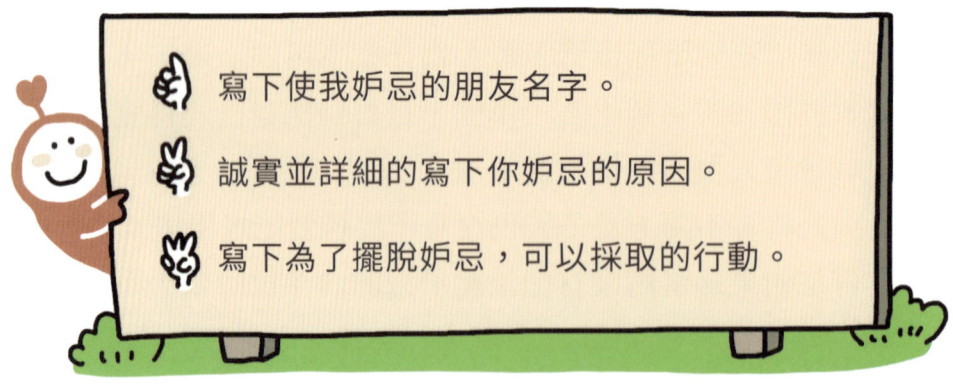

- 寫下使我妒忌的朋友名字。
- 誠實並詳細的寫下你妒忌的原因。
- 寫下為了擺脫妒忌，可以採取的行動。

妒忌是帶有強大力量的情緒，這股力量可以讓我們討厭朋友，或是怪罪自己。不過也可以成為幫助自己的力量，你想要選擇哪一種呢？

鍛鍊內心的三層階梯

一、觀察自己

我因為妒忌朋友的這種心情感到苦惱。

二、輸入新的想法

妒忌並不是壞念頭！我們可以將它轉化為善良的心！

三、主人是我

把不舒服的心情變成這麼正面的想法！我真是棒！

我的**好勝心**很強嗎？

「我只要玩遊戲或進行比賽，就會怒氣沖沖，一心只想要贏。上次因為輸掉遊戲不甘心的哭出來，我這樣是好勝心很強嗎？」

—金〇〇（小三）

帥氣的好勝心可以成為很棒的優點！

真的很想贏……

明明可以做得更好……

在遊戲或比賽裡吃了敗仗,一定很難過吧?甚至難過到再也不想玩那個遊戲了。

不過,你不是因為一直輸才哭的嗎?

那就代表你沒有放棄,一直在努力挑戰啊!這份勇於挑戰的精神,心教練真的要大大誇獎你一番!

好勝心就像是汽車的燃料!

如果將車子加滿油,我們就能放心的開往任何地方,對吧?

好勝心也是一樣,它會讓你在做任何事時,都能努力堅持到最後、不輕言放棄,是你很棒的一個優點喔!

不過,你應該不會覺得「贏就是一切」吧?總是能得到第一名的朋友雖然很厲害,但那些無論輸贏都享受過程的朋友、遵守遊戲規則、就算輸了也很大方認同的朋友們,心教練認為這些人反而更帥氣、更讓人佩服喔!

有一種被稱為「紳士運動」的比賽──擊劍,裡面有一項特別的規則,就是比賽過程中被擊中的一方要大喊「touché(我被擊中了、我失分)」對方就能得分。

這種認同自己失分與失誤的宣告,是不是超帥氣呢?

要不要試著在贏得比賽時,開心喊出「萬歲!」。輸掉比賽時,爽快喊出「輸了!」呢?

鍛鍊內心的三層階梯

一、觀察自己

啊！我竟然輸了！
好生氣。

二、輸入新的想法

雖然贏得比賽很厲害，
但坦然接受失敗也是一種
帥氣的表現啊！

原來朋友
比賽輸了是
這種心情。

三、主人是我

我為了能贏已經很努力了，
不是嗎？光是這一點，我就
覺得自己已經很棒了！

再接再勵！！

25_ 我就是我

我好煩惱
自己沒有夢想

「我擔心自己沒有夢想。老師有時候會要求我們寫下未來的志願,但我根本不知道該寫什麼,我是不是有問題?」

—宋○○(小四)

先嘗試能引起興趣的事情！

妳有看過指南針嗎？指南針的針總是指向北方，每當位置改變，稍微晃動幾下就又會指向正確的方向。

所以因為沒有夢想而產生的煩惱與不安，**說不定是尋找夢想前，必須經歷這段珍貴的搖擺過程吧？**

況且就算現在擁有夢想，也不代表長大後不會改變，隨著年紀增長，生活環境的改變，夢想當然也會不同。

心教練認為所謂的夢想，並不一定要成為像老師、運動員或是YouTuber這樣具體的職業名稱。

比起「想成為什麼」,更重要的是「想做什麼」。
做什麼事情會讓妳感到開心?
做什麼事情會讓妳專心投入、忘卻時間?
想起什麼事情會讓妳感到幸福快樂?

我希望妳將注意力放回自己的身上,去嘗試各種不同的經歷。當妳好好認識自己後,尋找夢想的過程也會成為一段美好的回憶。

就像搖擺不定的指南針,尋找著方向。為了找到自己的夢想,現在就開心、盡情的去搖擺吧!

鍛鍊內心的三層階梯

一、觀察自己

我因為沒有夢想而感到不安。

二、輸入新的想法

現在沒有夢想又怎麼樣？
我正在尋找夢想的途中，
先了解一下我喜歡什麼吧！

還有做夢的時間～

三、主人是我

我的夢想啊！
我們終究會見面的，
等我吧！

第2章
似乎是很奇怪的猜想

＊朋友們好像不在乎我

＊真羨慕有好人緣的同學

＊好擔心朋友會講我壞話

＊只有我被排擠，真難過

＊我總是好憂鬱

朋友們好像不在乎我

 我覺得朋友們好像不太在乎我,
讓我好難過,心裡悶悶的。

―朴〇〇(小二)

我要先珍惜自己、喜歡自己才行！

心教練自從告別尿布，逐漸長大之後，一天當中不知道煩惱過幾次這些問題——

是因為我太矮了嗎？
還是因為我太胖？
因為我的功課不好？
還是因為我長得不夠好看？
所以朋友才不在乎我？

當然，我從來沒問過任何朋友，這一切都是我自己一個人胡思亂想的。

可是有一天，我突然浮現這樣的念頭：
會不會其實是我自己覺得自己很丟臉？
一邊和別人比較，一邊認為自己個子矮小、又胖、又不聰明……
也許這些都是我自己想太多了？

就算長高了、減重成功了，或是奇蹟般的變漂亮了，如果我依然不愛自己、不懂得珍惜自己，那麼我可能還是會陷入同樣的煩惱。

從此以後，當我因為各種原因覺得朋友好像在忽視我、讓我感到難受時，我就會在心裡對自己說：

「那又怎樣？」
「So what？」

「有九成的煩惱都是由我自己所想像出來的沼澤／比起煩惱不如 Go ／ Go 別害怕／ Cheer up ／大聲喊 So what ！！」
－摘錄自防彈少年團＜ So what ＞

鍛鍊內心的三層階梯

一、觀察自己

我認為朋友不在乎自己,所以覺得很難受。

二、輸入新的想法

不管別人怎麼看我,最重要的還是我如何看待自己。

So what?

三、主人是我

我相信自己!

愛原本的自己,不足之處也會日益成長,我會展現出更好的模樣,我相信自己!

35_ 似乎是很奇怪的猜想

真羨慕
有好人緣的同學

「我很內向。好羨慕我的朋友不只活潑，人緣又好，我也能像她那樣嗎？」

－崔〇〇（小四）

先發現我的優點！

不久前，美術老師要我們用不同的材料來建造房子，而材料由老師指定。我拿到了竹筷跟布料，試著捆起竹筷，做出房子的外觀，可是這真的很難！但跟我同桌的朋友拿到了黏土，很快就做出了漂亮的房子。

我問老師：「老師，我可以換成黏土嗎？」但老師說不行，只能用自己拿到的材料做做看。

整個美術課程，我一直在埋怨老師為什麼發給我這種材料，也對我自己笨手笨腳感到生氣。明明不想鬧脾氣，但心情卻糟透了，結果我根本沒有完成蓋房子的作業。

上完課後,我看見同學們做的房子,其中有一位跟我一樣拿到竹筷跟碎布的同學,竟然搭建了一座非常特別的房子。

那一刻,我突然明白了。

**「問題不是材料,
而是在於怎麼做!」**

我們每個人都擁有不同的個性,有些人天生活潑外向,有些人內向安靜。重要的是,就像我們在美術課拿到的材料一樣,沒有好壞之分,只是彼此不同而已。

每個人都會有自己不滿意的性格部分,也許妳羨慕的那位朋友,也一定有自己想改善的缺點吧?

學習他人的優點固然很好,但更應該先發掘並培養自己的優點,這樣才能真正提升自己,不是嗎?

鍛鍊內心的三層階梯

一、觀察自己

我羨慕那些先向朋友打招呼，又擅長聊天的朋友。

二、輸入新的想法

不因為羨慕別人就忽略自己的優點，雖然我容易害羞，但相對的，也可以傾聽他人說話。

三、主人是我

好好培養我的優點，然後訓練我的不足，不停努力的我真棒！

你好？
你好？
練習
練習
幸會！

好擔心
朋友會講我壞話

「我害怕朋友在我背後講壞話。」
—趙○○（小四）

希望你別擔心沒有發生的事！

心教練以前也曾經如此。

有一次,我偶然聽見班上同學在說別人的壞話,然後我開始感到不安,猜想大家是不是也會偷偷說我的壞話,不斷的疑神疑鬼,一直過度在乎大家對我的態度。有一位朋友看到我總是猜忌他人後,這樣告訴我:

「你真的有做錯了什麼,對不起別人嗎?如果沒有,就不用怕!」

我仔細回想有沒有做過讓人討厭的事情?結果是沒有,哈哈哈!「嗯⋯⋯沒有耶!那我為什麼這麼害怕?」

其實在那之前我曾與一名同學吵架，那位同學將這件事告訴其他人，導致我被大家誤會還被排擠，當時我真的很難過。所以這件往事讓我開始擔心「大家會不會誤會我？」

仔細想想，我們常常為了那些尚未發生的事情而擔心或煩惱。

其實提前擔心並不會讓結果變好！所以比起空想，倒不如輕鬆以對。

如果擔心朋友會怎麼談論自己，可以回想一下「自己是如何對待他人的」。並且下定決心，對自己說「我不會成為在背後說他人壞話的人」。

審視自己，努力正面思考，你的心就會更加平靜且寬廣！

鍛鍊內心的三層階梯

一、觀察自己

我擔心朋友會說我的壞話。

二、輸入新的想法

不要擔心還沒發生的事，別害怕！

別擔心

未來

三、主人是我

抱著不安的心情過生活，真的很痛苦。如果有錯就道歉；如果沒有錯，那就勇敢做自己吧！

只有我被排擠，
真難過

「我有五個很要好的朋友，但不知從什麼時候開始，她們好像不理我了！前幾天她們還約去逛街，卻把我排除在外，真的好難過。」

―宋○○（小四）

平復心情需要時間

　　朋友們沒有約妳，一定讓妳很傷心！老實說心教練前一陣子跟朋友們約好去看電影，等了很久都沒有收到確定的訊息，後來經過我詢問，才知道他們已經先去看完電影了，完全把我排除在外。那一刻我真的很生氣，也很難過，一整天情緒都感到很低落。我無法理解朋友們的行為，也無法原諒他們！幾天後，我抱著「妳們以為我沒有其他可以一起看電影的朋友嗎？」的心情，跟其他的朋友去看了那部電影。

　　不過在欣賞電影時，我聽見雪人所唱的歌曲，彷彿明白了什麼，讓我告訴妳這段歌詞。

This will all make sense when I am older	等我長大，一切都會合理
Someday I will see that this makes sense	有一天擁有智慧
One day when I'm old and wise	事後回想就明白
I'll think back and realize	一切事情自有安排（中略）
That these were all completely normal events	等過了這個年紀
I know in a couple years	這一切都宛如孩童的煩惱
These will seems like childish fears	所以我明白
And so I know	這不是壞事，沒事的（中略）
This isn't bad, It's good	等我更加成熟
When I'm more mature I'll feel totally secure	則無須擔心

—節錄自冰雪奇緣 2 OST ＜ When I Am Order ＞

這首歌是不是很有幫助？我明白這可能還需要一點時間才能撫平我失落的心情，所以我看了許多書、電影，也聽了很多首歌曲。

真的有效喔！

我持續告訴自己「這段辛苦的時光終究會過去，所以不要太傷心」、每天都要對自己說一句『我愛你』」。這些話支撐著我，讓我度過了那段難熬的日子。

朋友們 Thank you!

妳有專屬自己的療癒小方法嗎？沒有的話，趁這個機會找一個吧！因為以後還是會有一些需要撐過低潮的時候。

沒關係！痛苦的時刻正好可以鍛鍊我們內心的肌肉，也因此能更有智慧的去面對生活中的難題。我的朋友，我們一起加油吧！

🐰🐰🐰 鍛鍊內心的三層階梯

一、觀察自己

因為朋友們拋下自己去玩而感到難過。

二、輸入新的想法

傷心的事，也不一定都是壞事，這樣一來，我才能學會安慰自己的方法。

總會不小心忽略一個人嘛。

三、主人是我

比起埋怨朋友，選擇獨自撐過去、努力前進的我真的做得很好！掌聲鼓勵！

47_ 似乎是很奇怪的猜想

我總是好憂鬱

「最近總覺得心情好憂鬱,
不知道該怎麼辦才好。」

—鄭〇〇(小四)

憂鬱也是眾多情緒中的一種！

心情低落的時候，就像是感冒一樣，全身提不起勁，也不太想跟朋友出去玩，就算有好吃的東西，也沒有什麼食慾……

每個人都有可能得到感冒，只要盡早治療就能快快痊癒，憂鬱的心情也是誰都有可能會出現、隨時可能發生的自然情緒喔！

但是如果感冒了，還依然在寒冷的外頭奔波，想必也不容易好轉吧？要吃些美味的東西，並且好好休息才能恢復健康，心靈的感冒也是同樣的道理。

讓心教練來告訴妳，我曾經嘗試過的三個最有效的方法。

一、 就像感冒時,向大人尋求幫助一樣,把妳的心情坦誠的告訴父母或老師。

二、 感冒時我們不會責怪自己「怎麼會得感冒!」,同樣的,妳也不需要苛責自己「我為什麼會憂鬱」。因為這是很自然的事情。

三、 憂鬱是心靈電池快耗盡的訊號,試著找尋可以讓自己開心的事情來充電吧。

我們擁有開心、快樂、興奮、幸福等情緒。所以只要想著「現在是輪到憂鬱出來的時候了」就好了,對吧?是不是很自然的事情呢?

**無論什麼情緒來了,都不要害怕!
這些情緒的主人都是我們自己。**

🐾🐾🐾 鍛鍊內心的三層階梯

一、觀察自己
我因為憂鬱的情緒感到不快樂。

二、輸入新的想法
我可以感受到許多不同的情緒，當然偶爾也會感到沮喪！

人有時候會感冒，沒事的！

三、主人是我
我內心的主人是我自己，如果內心的感冒拖久了會很難受，要好好痊癒喔！

要不要先去吃美食？

我要去散步！

51_ 似乎是很奇怪的猜想

第3章
沒事的,別擔心

* 有喜歡的同學在場,好害羞
* 想道歉但沒有勇氣
* 擔心出錯,結果睡不著
* 我有咬指甲的習慣
* 我的父母經常吵架

有喜歡的同學在場，
好害羞

沒有自信向喜歡的同學主動說話。

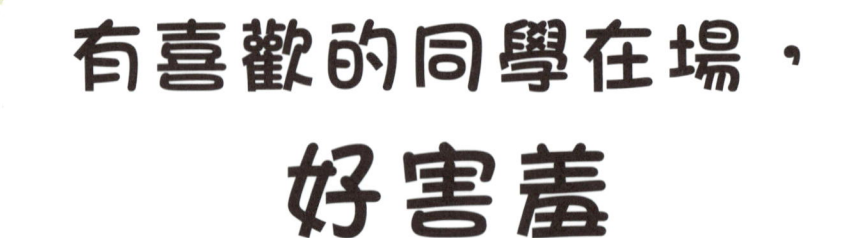

「沒有自信向喜歡的同學主動說話。」
—孔〇〇（小三）

我們都有獨特之處！

新學期開始時，常有許多人會有這樣的煩惱，難以向想親近的同學主動開口聊天。

心教練明白這種心情！

其實只要輕鬆的打個招呼說聲「你好」就可以了，不過，一看見對方卻又總是欲言又止。

或許大家可能暗自擔心著「他會喜歡我嗎？如果他討厭我怎麼辦？」才會讓自己壓抑住想要主動說話的心情。當你看著同學，卻無法提起勇氣的時候，不妨試試看以下的想法。

「我需要一點自信，可是為什麼我會沒自信呢？是不是我心裡覺得自己不如他？」當你有這樣的念頭時，請告訴自己「**我也有自己的獨特魅力啊！**」

你表現得
很好……

機會自然
會出現！

當然,我們也可以換個角度想。

「比較誰表現得厲害或是誰較差勁,是一種帶有偏見的想法!」

「希望我們有一天能成為朋友」這樣想的話,自然而然就有機會跟對方開啟話題喔!

朋友!

嗯???

仔細想想自己為什麼遲遲無法鼓起勇氣,然後經常向那個畏畏縮縮的自己說說話吧。

別忘了,把沒必要的擔憂轉化為智慧和勇氣的力量,其實就藏在我們的心裡喔!

鍛鍊內心的三層階梯

一、觀察自己

雖然想向喜歡的同學說話，但因為沒有自信，所以一直猶豫不決。

二、輸入新的想法

別擔心「他會喜歡我嗎？如果他討厭我該怎麼辦？」現在的我，只需要一點勇氣就夠了。

三、主人是我

光是想像，是不會有任何改變的。所以，先鼓起勇氣跟對方說句話看看吧！加油！

想道歉
但沒有勇氣

「我跟朋友吵架了,明明我可以讓一步的……所以想向她道歉,結果看見她已經跟其他同學玩在一塊了,我怕她不會接受我的道歉,該怎麼辦?」
- 朴〇〇（小二）

道歉的確不容易

　　我的朋友，心教練真的覺得妳很了不起。能清楚知道自己的錯誤，並且打算主動找朋友道歉，這真的是很不容易的事情！

　　道歉本來就很不容易，**要放下自尊，然後先開口說對不起，這需要相當大的勇氣啊！**

　　當妳好不容易鼓起勇氣，理所當然會擔心「如果對方不接受我的道歉，該怎麼辦？」

妳現在的心情怎麼樣？

雖然會擔心，也可能有覺得有點受傷，但如果更希望能跟朋友像以前一樣開心玩耍的話，要不要再次鼓起勇氣呢？不過有一點要注意。

不管朋友說了什麼，妳都要先有心理準備，不要說「可是……」來為自己辯解，或是指責對方「妳那時也有錯啊」等。

心教練只擔心妳猶豫的時間越長，妳就越不快樂。所以鼓起勇氣吧，加油！

說不定朋友會比你想像得更快就接受道歉喔！只要你真心的說：「對不起！」就可以了。

鍛鍊內心的三層階梯

一、觀察自己

我擔心對方如果不接受我的道歉，該怎麼辦？

二、輸入新的想法

道歉是誠實表達內心歉意的行為，即使對方可能不接受我的道歉，但如果我真心感到抱歉，就應該道歉。

三、主人是我

妳願意接受我的「道歉」嗎？

要不要接受道歉是由朋友決定，但想要道歉是我自己的選擇！

擔心出錯，結果睡不著

「補習班舉辦英語演講比賽，我勇敢的報名了，可是因為擔心自己會出錯，所以最近都睡不好覺，是不是取消報名比較好？」

—徐〇〇（小五）

每個人隨時都可能會犯錯

你報名英語演講比賽啊！好厲害！

心教練覺得你鼓起勇氣報名比賽的行為，真的很不簡單，超級棒！

每個人在面對挑戰時，難免會感到緊張和不安。有些人比起困難的比賽內容，反而更容易因為不安的心情而選擇放棄。如果你真的很不安，選擇放棄也沒關係。

因為演講比賽隨時都可以再挑戰的嘛。

但是面對比賽的這份焦慮心情，應該是擔心「如果出錯會很丟臉，而且父母也會來，萬一他們對我失望該怎麼辦？」這樣的想法吧。

簡單來說，「不安」這個傢伙總是在糾纏著我們，每個人在這種情況下多少都會有類似的感覺吧。

如果想要消除不安感，那麼重要的是必須充分練習，直到讓自己滿意。

如果練習好幾遍，仍然感到不安，腦海總是浮現「我可能會出錯」的想法，那麼稍微想看看「我是不是認為自己一定要做得非常完美？我是不是因為害怕丟臉，所以不容許自己有任何失誤呢？」

　　如果你這麼想，那麼無論怎麼練習，不安感還是會存在。

　　想想看，這個世界上真的有完全都不會犯錯的人嗎？

　　每個人在任何時候都有可能會犯錯，所以不要太害怕，犯錯也沒關係！我們有三條路可以走：

一、思考是不是練習得不夠多，然後多加練習。

二、如果已經充分練習，就不要慌張，相信自己。

三、即使充分練習了也可能會犯錯，這沒什麼大不了的。

期待你優秀的英文演講，
我相信你一定能做到，加油！

你知道嗎？不安是過度擔心所產生的情緒，所以即使感到擔憂，也從你現在能做的事情開始做起吧！

鍛鍊內心的三層階梯

一、觀察自己

我害怕自己在演講比賽中出錯，所以心裡感到非常不安。

二、輸入新的想法

我已經充分練習了，所以不用過度擔心。那顆無法相信自己而不安的內心啊！我們一起變得更堅強吧！

三、主人是我

無論是不安或擔憂都是我內心的情緒，我有能力掌控它們，我相信自己內心的力量！

我有咬指甲的習慣

「我因為太常咬指甲，所以指甲都掉光了。」

―朴〇〇（小二）

有可能是緊張或不安的信號

抖腳、咬嘴唇、拔頭髮等。

很多人應該都有這種難以改正的習慣吧？

其實心教練也有咬指甲的習慣，我嘗試過在指甲上塗藥或是一整天戴手套，但總是撐不了多久，最終我的手指甲還是短短的。

但有時候，我們的心會透過身體發出信號：

例如：「我現在好緊張。」

「我能表現得好嗎？我沒有信心。」

咬指甲可能是內心在告訴我們，它感到無聊、緊張或是擔憂的信號。

所以當我發現自己在咬指甲時，我會先觀察自己的內心狀態。

「我現在感到緊張嗎？還是有什麼煩惱？或是覺得有點無聊呢？」等。

雖然無法完全改掉咬指甲的習慣，但就像慢慢長出的指甲一樣，我相信這個習慣也會漸漸改善的。

希望你別認為所有的習慣都是壞習慣，所以才需要修正，而是想著這些習慣會造成生活不便，所以才要改善。

即使我咬指甲、抖腳、拔頭髮，
仍然要記得我很重視自己！
無論何時我都是最珍貴的人！
要記得喔！

鍛鍊內心的三層階梯

一、觀察自己
我有咬指甲的習慣。

二、輸入新的想法
確認自己是否處於不安或不舒服的狀態,並安慰感到不安的自己。

啊,原來我在上台報告前,會因為緊張而咬指甲。

三、主人是我
尋找其他有效緩解緊張的好方法!

就算咬指甲也不會改變現況,先改善咬指甲的習慣吧!加油!

69_ 沒事的,別擔心

我的父母
經常吵架

「最近我經常看到父母爭吵,可能是因為疫情的關係,讓大家待在家裡的時間變多了。有時候我好想逃出去。朋友們遇到這樣的情況會怎麼做呢?」

—李〇〇(小三)

將你的不安與擔憂告訴父母

心教練的朋友最近也有相同的遭遇，她的父母也經常吵架，爭吵的聲音讓她感到非常害怕，有時會搗住耳朵，或是刻意在朋友家待到很晚才回家，不過，恐懼的心仍然沒有消失。

受折磨的她，最終嘗試了其他的方法。

首先她告訴自己「父母也可能吵架」。每個人都可能因為想法不同而產生衝突和爭執。

所以她嘗試在父母爭吵時，聽自己喜歡的音樂或是看影片，讓自己分心。

當父母吵得比一般情況來得更激烈時，她想到了另外一種方法，那就是在日記本裡寫下自己當時的不安和擔憂。她知道媽媽有時會看自己的日記，所以在日記裡寫下這些內容：

「今天爸爸和媽媽又吵架了，我既不能阻止，也無法幫忙，每次他們吵架時，我都感到無比擔心和害怕。」

從那以後，父母就不再像以前那樣經常爭吵了。雖然媽媽沒有提起日記的事情，但我的朋友相信她的母親有看過日記，雖然她的父母偶爾還是會爭吵，但她認為他們很快就會和好，所以即使聽到爭吵聲，也不會像以前那麼難受了。

　　心教練認為你可以將心情寫在信紙上傳達給父母，也許是一個不錯的方式。

　　如果告訴父母，每當他們吵架時你的心情會如何，那麼他們或許會反省，並且選擇比爭吵更好的方式來解決問題。

　　有一個說法是「孩子是在爭吵中成長的」，不過其實大人也是在爭吵中鍛鍊彼此的心靈喔！

　　當父母吵架時，理所當然會感到不安與擔憂，但你可以這樣想「雖然有可能會吵架，但可以藉著這個機會進行反省，然後和解」把擔心轉化成期許的心態。

> 只要反覆練習，我與父母的內心都會慢慢得到平靜。
> 這就是「鍛鍊心靈」。

鍛鍊內心的三層階梯

一、觀察自己
看見父母吵架的模樣，讓我心理感到不好受。

二、輸入新的想法
雖然現在會爭吵，不過希望日後我們能成為關係融洽的家庭。

三、主人是我
把不安與擔憂的心情轉換為正向的情緒，這就是我該做的事情！

第4章
受挫時試著相信內心的力量！

＊同學喜歡取笑我，讓我壓力好大

＊我想減少補習班的課程，但不敢講

＊媽媽一直嘮叨，好煩！

＊我也想彈好鋼琴

＊有沒有養烏龜的方法呢？

同學喜歡取笑我，讓我**壓力**好大

「班上的男生總是取笑我像包子。」
（我從五歲時的綽號就是包子）
一河○○（小四）

妳不需要對其他人的取笑做出反應

小時候，心教練的媽媽在家裡幫我剪頭髮，結果把瀏海剪得太短了，連我自己都覺得好笑。第二天上學時，同學們都叫我「馬桶蓋」。

一開始我很生氣，但他們笑得更開心了。後來我試著裝作沒聽見，沒想到他們竟然一路跟著我邊走邊笑，最後我只好告訴老師，結果我的外號從「馬桶蓋」變成了「愛打小報告的人」，只要老師一不在場，他們就變本加厲的取笑我。

有一天,一位同學給了我一張紙條,上頭寫著「我也常被他們取笑,甚至叫我小豬公主,妳也試試這個方法吧!」那張紙條上寫了這三項方法。

一、 放寬心,想著「他們還不成熟,才這樣取笑他人」。
二、 準備一些可以讓他們知難而退的台詞
（例如:「你想怎樣?」或是「還是你喜歡我嗎?」）
三、 無論大家說什麼,你都不是真正的馬桶蓋啊!

那位朋友的方法真的很有用。

自從那時開始,即使大家取笑我,我也不會做任何的反應,當我淡定的回應幾句後,他們就逐漸停止取笑我了。

那位朋友告訴我「你都不是真正的馬桶蓋」這句話,給了我強大的勇氣。當朋友們取笑你,讓你感到不舒服時,要不要試試這個方法呢?

鍛鍊內心的三層階梯

一、觀察自己

同學總是叫我包子，我很生氣。

討厭！ 討厭！

二、輸入新的想法

我是珍貴的人，不需要因為這種幼稚的玩笑而在意。

你不覺得他們很幼稚嗎？

就是說啊！

三、主人是我

包子不管怎麼看，都很可愛，哈哈哈～

最重要的是我如何看待自己。那是由我自己決定的！

79_ 受挫時試著相信內心的力量！

我想減少補習班的課程,但**不敢講**

「補習班的課好多,實在好累,但我怕被罵所以不敢跟媽媽反應。」

—金○○(小四)

小孩子的意見
也有被重視的權利

　　我想做什麼、我想學什麼，當然只有我最了解我自己。不管是想補習哪種科目，或是要補幾科，心教練認為我們都有決定的權利！

　　可是不敢坦白跟媽媽說想減少補習班的課，大概是因為「我覺得跟媽媽說了也沒用」或者「我不知道該怎麼說」。

　　兒童權利憲章表示：「兒童可以自由表達自己的想法與感受，並且有權對影響自己決定的事情，發表意見並受到尊重」

　　這句話的意思是，你擁有決定事情的權利，並且可以付諸行動。

不過這裡有一點需要思考，當我們去動物園時，是不是因為身高矮小而看不到動物，那時如果坐在爸爸的肩膀上，就能一覽無遺，看到更遠的地方，對吧？

補習也是類似的道理，有些事情如果有父母的幫忙，可以獲得更好的收穫。

所以，首先要仔細思考自己想上哪幾個補習班。然後思考該怎麼跟父母討論，再向他們請求協助。

機會

那時候，父母也會慎重思考這件事的。

先別太擔心，冷靜評估自己想要的目標，然後充分準備好和父母溝通。我相信擔憂將會成為一段美好的經驗，我替你加油！

鍛鍊內心的三層階梯

一、觀察自己

我想要減少補習班的課程，可是因為害怕而說不出口。

二、輸入新的想法

現在該是跟父母認真討論的時候了，這是一個機會。

媽媽，我有話想跟你說。

說吧。

三、主人是我

我的想法是！

我能夠明確表達我的想法，並且傾聽父母的話，進行良好溝通！

媽媽一直嘮叨，
好煩！

「媽媽每天問我書讀了沒？
作業寫了沒？東西有沒有帶齊？
總是嘮嘮叨叨，如果頂嘴還會被
罵，真的讓人很煩。」

―崔〇〇（小四）

試著理解
媽媽嘮叨的心情

其實父母的話需要經過翻譯。所以，我把「寫功課了沒？東西都帶齊了嗎？」翻譯給你聽。

這些話代表的意思是：「我擔心可愛的兒子因為沒有寫作業，或是沒有帶齊物品會被老師罵。」或是「希望你成為有責任感的人。」

以後當媽媽又再嘮叨時，可以仔細想想背後的涵義。

你覺得呢？
你可以明白媽媽的心意嗎？
只要你仔細深思後，就會明白媽媽真正想傳達的意思。
所以比起直接感到厭煩，我們可以這麼說：

「我知道媽媽是擔心我才這麼做,但如果一直追問的話,我會感到壓力很大。」

其實,還有一個能戰勝嘮叨的方法。

為了避免媽媽嘮叨,
你可以主動將事情做好。

雖然實際執行不簡單,
但這也是最有效的方法吧?

雖然提早完成所有的事情有點難,
但至少可以嘗試主動完成一件事,
你覺得呢?

鍛鍊內心的三層階梯

一、觀察自己

不斷重複的嘮叨

我認為媽媽的話聽起來像是煩人的嘮叨。

二、輸入新的想法

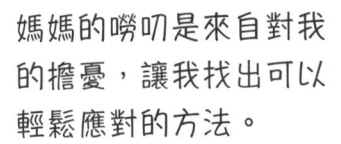

媽媽的嘮叨是來自對我的擔憂，讓我找出可以輕鬆應對的方法。

暫停嘮叨

三、主人是我

媽媽！明天的東西我已經準備好了。

在嘮叨前就提早把事情做好，可以先從小事開始做起，我做得到！

87_受挫時試著相信內心的力量！

我也想
彈好鋼琴

「我很想彈好鋼琴,但每次都只會彈拜爾,我好像沒有學鋼琴的天分。」
―裴〇〇(小三)

不要只執著於結果，要享受過程

　　心教練想對妳說：「沒關係！」然後替妳鼓鼓掌。

　　心教練在學鋼琴時，就連最基礎的拜爾也覺得好難。但多花一點時間在基礎上，又有什麼關係？彈鋼琴本來就不是一件簡單的事呀，我希望妳不要因此感到挫折。

　　彈鋼琴這件事，只是世界上無數事情中的其中之一而已。有人很會跑步，有人很會吹直笛，但也有人不擅長這些事情。

　　有的人擅長彈鋼琴但數學反而很差，也有的人擁有數學的天分卻不擅長寫作文。

每個人都需要透過豐富的體驗,
才能找出自己喜歡的事物。

所以,與其著急的想著
「我為什麼彈不好鋼琴?」

不如對自己說「嗯,我今天比昨天進步了,謝謝我自己。」

試著稱讚自己,然後快樂練習,說不定哪一天就能順利完成拜爾,邁向下一個階段囉!

我的朋友啊!如果想彈好鋼琴,
可以先想像一下愉快彈琴的模樣。
心教練也會跟你一起想像喔!

鍛鍊內心的三層階梯

一、觀察自己

我想彈好鋼琴,但結果並不如我預期的那樣好,讓我感到有點灰心。

二、輸入新的想法

每個人在任何領域進步的速度都不一樣。就算基礎練久一點,又有什麼關係呢?

三、主人是我

放下急於學好的心情,只要開心的學習,總有一天會彈得很棒的,我相信自己!

有沒有養烏龜的方法呢？

「我很想養烏龜，但我不敢跟媽媽說，不知道要怎麼辦，難道沒有養烏龜的方法嗎？」
—沈〇〇（小四）

飼養寵物必須要有責任感

心教練也有朋友在養烏龜。我曾經問過對方為什麼想養烏龜，他說雖然烏龜不像貓狗會撒嬌，但看著烏龜緩慢移動的模樣，讓人不自覺心裡感到平靜。

你呢？你為什麼想養烏龜？

我的朋友為了養烏龜準備了很多東西，從濾水器、加熱器、溫度計、UVB 燈等，這些都是養烏龜必須要有的東西。而且魚缸每隔一兩天就得換乾淨的水，水溫也必須維持在 25 度。遇到梅雨季或是冬天，還要讓烏龜照紫外線燈才行。此外，每隔兩個月還要替魚缸進行大掃除！

媽媽會反對你養烏龜，可能是擔心你能不能做好這些事情。

剛開始認為烏龜很可愛，所以有自信可以照顧牠到終老，但這些複雜的工作要持續一個月、兩個月，甚至一年的話，你能持之以恆嗎？

你可能會因為麻煩，間隔了好幾天才清洗魚缸或讓烏龜做日光浴，但對烏龜來說，這些都是攸關生命的事情喔！

你得先問問自己,
是不是單純因為可愛或有趣,
所以才想養寵物。

要關心我喔~
呃……

我能勤勞的照顧烏龜嗎?
我能把大部分的零用錢,
都花在照顧烏龜上嗎?
我可以不依賴家人,靠自己照顧好烏龜嗎?

最後一件事!
你必須得到同住家人的理解與同意。
即使你能自己照顧烏龜,也總會有需要家人幫忙的時候。
事前思考這些問題,就是有責任感的表現。
朋友啊,我會支持你思考過後做出的決定!

寵物不是玩具,而是生命。所以如果下定決心想與寵物共同生活,就必須確認自己是否已經做好準備。

鍛鍊內心的三層階梯

一、觀察自己

雖然媽媽反對，但我真的很想養烏龜。

烏龜真可愛。

二、輸入新的想法

飼養寵物需要盡責，我得花時間審視自己是否能勝任。

你知道烏龜可以活超過20年嗎？

真的嗎？那我以後當兵時，烏龜該怎麼辦？

三、主人是我

我人生的主人是我，烏龜的主人是烏龜自己！

當我的想法不單純只是為了讓自己快樂，而是確信烏龜也會幸福時，那麼我便能立下決心飼養烏龜了！

95_ 受挫時試著相信內心的力量！

第5章
我只告訴你喔

* 只有我被罵，真委屈
* 讀數學感覺是浪費時間
* 要面對那麼多考試，真的好累
* 我的問題就是太直率
* 殺死螞蟻是錯的嗎？

只有我被罵，真委屈

「我和朋友踢足球輸了，對方嘲笑我們，我因為生氣所以打他，可是老師卻只責怪我一個人，我覺得好委屈，你們有過這種經驗嗎？」

—林〇〇（小二）

遇到這種事一定會不開心！但是不可以動手打人

　　你因為輸了比賽已經很難過了，卻還要被他人嘲笑，一定覺得既生氣又委屈吧！

　　老師根本不知道你的心情，還只責怪了你一個人。如果是心教練一定也會覺得很冤枉。

　　我建議你可以將整件事情告訴老師會更好。要不是對方先嘲笑你，你也不會挨罵。

　　讓我們一起來思考這件事。我能理解你輸了比賽而難過的心情，還有被他人嘲笑而感到憤恨不平。但是，出手打人的行為是不對的，你認為呢？

心教練認為你在跟老師訴苦前,最好先承認打人是不對的行為。

如此一來,老師便會明白你是勇於認錯的孩子,也會更願意進一步了解整個事情的經過。

如果仔細說明你的感受與想法,那麼我想老師也能感同身受。

對那些挑釁的朋友辱罵、使用暴力,其實都是較低水準的情緒反應,真正的高手是不會動怒的,你可以嘗試這樣應對。

適可而止～!

「恭喜你們贏得比賽,但也要適可而止喔～!」

當遇到委屈的事情,比起生氣或吵架,
應該先告訴對方或身邊的人現在的情況,
如果能充分表達你的感受與狀態,
那麼內心的委屈會降低,鬱悶也會得到緩解。

鍛鍊內心的三層階梯

一、觀察自己

明明是他們先嘲笑，我才打人的，結果只有我被罵，真的很委屈。

二、輸入新的想法

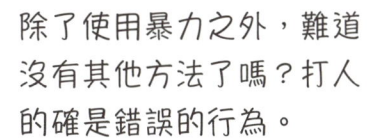

除了使用暴力之外，難道沒有其他方法了嗎？打人的確是錯誤的行為。

三、主人是我

對不起！請接受我的道歉。

贏得比賽就嘲笑輸家的行為真的很過分，以後如果我贏了比賽，也不會這樣做。

101_ 我只告訴你喔

讀數學
感覺是浪費時間

「我的夢想是當足球選手,不明白為什麼要上數學課?學英文是為了可以跟外國選手溝通,是一項很重要的能力,所以我很認真學英文,反觀數學課真的好浪費時間。」

－鄭○○(小五)

數學很像菠菜

　　心教練在國小四年級曾經放棄過數學，所以我完全了解你的想法！

　　我不懂明明就有計算機，為什麼我們還要學加減法，那些集合或圖形對我們的生活又有什麼關係？

　　可是有一天，老師這樣告訴我。
「阿心，數學跟菠菜很像。」
「嗯？老師那是什麼意思？」
當我們吃紫菜飯捲時，不是會把菠菜挑掉嗎？

**　　我們因為討厭菠菜的味道，所以挑食，但其實菠菜含有豐富的營養，對身體很好，就像數學一樣喔！**

　　數學是一門可以引發我們深度思考，學習解決問題的科目。教導我們遇到新的問題時該如何勇於面對，思考解決辦法，並且從中選出適當的答案，換句話說，是一門能夠培養我們思考能力與耐心的學問。

學習數學後，會發現自己逐漸擁有探究問題的能力，成為大人之後這項能力會對生活產生很大的幫助。

就算是數學也有助於踢足球喔！你知道韓國的朴智星是運動選手中數理能力最強的運動員嗎？

在長達 100 分鐘的比賽裡，不輕言放棄、堅持到底的毅力。

對於分秒迅速改變的戰況，可以快速決定對策的應變力。

確切掌握球的落點以及該傳球到哪裡的判斷力！

你有發現這些足球場上的必要技能，其實都可以透過學習數學自然培養出來嗎？是不是很神奇？

現在有很多讓數學變得有趣的方法，只要你願意嘗試，也可以擁有像朴智星選手那樣卓越的數理頭腦。所以我希望你千萬不要輕易放棄，繼續加油！

> 答對題目、拿到高分雖然很重要。
> 但不輕易放棄，靠自己的力量——
> 解決問題的過程更重要。

鍛鍊內心的三層階梯

一、觀察自己

我認為數學對於踢好足球沒有幫助,所以很討厭數學。

二、輸入新的想法

足球真的是只要跑得快就能獲勝的運動嗎?
如果想成為優秀的選手,還需要各方面的努力。

三、主人是我

因為討厭就放棄數學的話,未免也太早認輸了,試著找找看更有趣的學習方法吧。

好棒!
好棒!

要面對那麼多考試，
真的好累

「就讀國中後要讀的科目好多，考試多到我快應付不來了。」

—李〇〇（國一）

要怎麼做比較好呢？
先聽聽心裡的聲音

　　每次考試總是要讀好多科目！光是用想的就覺得好辛苦。

　　但這並不是我們能決定的事情，如果持續面對龐大的考試壓力，心情悶悶不樂的話，對你也沒有幫助，那麼我們應該怎麼做呢？

　　你知道我們的心情不會永遠停滯，而是不斷變化的吧？

　　心情雖然會因為環境有所變化，但我們也可以主動改變心情。

　　當你遇到困難時，可以這樣問自己：

　　「我因為這些事情感到很疲憊，那麼該怎麼做才能轉換心情呢？」

當你這樣問自己時，將會聽見心裡的聲音。有可能是「我現在只想玩，什麼都不想做。」也可能是「拖延只會讓以後更辛苦，不如現在先做一點吧！」

與其讓自己陷入為難的處境中，不如問問自己該怎麼做。

然後實際行動。

你有發現只要改變想法，心情也更加輕鬆了嗎？這就是「轉念」。
我的朋友，加油！

鍛鍊內心的三層階梯

一、觀察自己

我因為考試太多,感到很痛苦、難以負荷。

二、輸入新的想法

不要讓自己陷入痛苦的想法,問問自己該怎麼做。如果心情還沒完全好,就選擇 A 方式;如果想擺脫痛苦,那就選擇 B 方式。

↓ A　↓ B

三、主人是我

聽從內心的聲音,選擇下一步!
A. 先排解煩悶,直到心情好轉。
B. 問問自己「怎麼做能解憂?」然後找到方法!

我的問題
就是太直率

幾天前，我的朋友穿了一件新衣服，因為我很直接告訴她「哎！這件衣服不適合妳。」結果從那天起，她就不回我的電話或訊息了。雖然我曾反省是否把話說得太過分，但我總不能說謊吧！

－金〇〇（小四）

試著學習
誠實又溫暖的表達

朋友穿上新衣服，一定是想讓人留下好的印象，卻因為妳的一句話感到受傷了。不過，想到朋友穿著不適合的衣服到處走動，妳決定要坦白告訴她，這份心意我也能理解。其實心教練也有過類似的經驗。

前陣子我到朋友家一起讀書，吃午飯時，朋友的媽媽做了香菇飯給我們吃。才吃了幾口，阿姨便問我味道怎麼樣。

我回答：「真好吃，加了香菇後感覺更好吃了。」

但是老實說，我討厭香菇的味道，卻又無法說出口。阿姨聽到我的稱讚，開心的又添給我更多香菇，在無可奈何之下，我只好憋著氣，硬著頭皮把那碗飯吃完。如果說妳的問題是太直接，那麼我的問題就是無法坦承表達真實的想法。我怕說出來後，對方會因此受傷，所以常常違背自己的心意說話，像那次的香菇飯事件就是這樣發生的。

**不隱瞞自己的心情或想法，
勇於表達是一項優點。**

但在說話前有一點需要先思考，過度的坦率，有時也可能變成無禮。就算只是誠實講出心中的想法，但如果造成對方受傷，那麼就是我們的表達方式出了問題，這時可以反省是否有更委婉的表達方式。

舉例來說，當看到那位朋友時，與其直接說衣服不適合，不如選在下次她穿不同件衣服時這樣說：「這件衣服好漂亮！感覺比上次那件更適合妳。」如果對方問上次那件衣服哪裡奇怪，妳可以這樣說：「款式很好看，但顏色好像不太適合妳。」這樣便能委婉的說出來。心教練打算從今天開始練習誠實的表達，我們一起練習吧。

與其說出會使對方受傷的話，試著練習讓人感到溫暖的話語吧！如果你的坦率多了一份溫暖，那該有多美好呢？

鍛鍊內心的三層階梯

一、觀察自己

我只是誠實說出自己的想法,畢竟說謊是不好的事,所以覺得很委屈。

二、輸入新的想法

雖然誠實是件美德,但也需要在乎聽者的感受,說話前再多想想吧!

> 聽妳這麼說,我有點難過!

> 抱歉

三、主人是我

> 謝謝妳這樣告訴我!

如果我能把想說的真心話溫暖的傳達出去,那麼我將會成為更好的人!

殺死螞蟻是錯的嗎？

「因為看到家裡有螞蟻，所以我把牠捏死了，結果爸爸因為這件事指責我，殺死螞蟻真的很糟糕嗎？」
―李○○（小五）

這世界上所有的生物都跟我們一樣擁有生命

嗯！如果在家裡看到的不是螞蟻，而是蟑螂的話，爸爸應該會叫你打蟑螂吧？爸爸或許認為蟑螂是害蟲，而螞蟻卻不是呢！

仔細想想，世界上所有的生物，無論是小螞蟻、蟑螂，甚至在田野裡的雜草也都和我們一樣擁有生命。不過，強大的動物捕食植物或弱小的動物，這也是自然界的法則，就連人類也是依靠無數其他生命的犧牲才能生存下來。那麼我們該抱持什麼樣的態度來面對這些生命呢？

雖然爸爸的指責讓你很難過，但心教練認為這也是個好機會，下次如果再看到螞蟻時，你可以思考要選擇結束牠的生命，還是將牠移至戶外。

讓我們一起好好思考吧！我希望你能夠明白，所有的生命體和自己一樣都是很寶貴的。

如果在吃飯時，你能帶著「感謝世界的萬物讓我擁有這樣豐富的一頓飯菜，謝謝你們。」的心情，那麼你將能成為懂得珍惜且敬愛萬物的人。

所有生物都和我們一樣擁有生命，讓我們對於食衣住行的每一樣事物，都充滿感謝吧！

鍛鍊內心的三層階梯

一、觀察自己

我好猶豫要不要除去跑進家裡的螞蟻。

二、輸入新的想法

一直以來,我對其他生命體抱持著什麼樣的想法呢?藉由這次的機會,認真思考看看。

三、主人是我

如果下次再發生這樣的事情,我要在心裡說聲「對不起!」。

「所有生命都很珍貴。」

第6章
每個人都有煩惱

* 減重這件事好困難

* 額頭不斷冒青春痘

* 愛到底是什麼？

* 我還是好怕打雷閃電

* 我總是想玩遊戲

減重這件事
好困難

「最近變胖好多,我好擔心,即使運動也瘦不下來,難道沒有更好的方法嗎?」

—林○○(小五)

妳有沒有容易變胖的習慣呢？

減重的另一種說法是什麼，妳知道嗎？那就是「從明天開始」。

啊！抱歉，我開玩笑的！

心教練嘗試過很多次減重，因為我超愛吃美食，不過在這段過程我領悟一件事。那就是減重其實是一種「習慣」。通常我們會設定一些規則，比如只吃某一種食物或是不吃晚餐、每天跳跳繩等，然後努力遵守這些規則。

但是，不停的持續做同一件事情真的很不容易吧！到頭來只會覺得疲乏、失去興趣，最後很有可能就放棄了。

因此心教練開始思考「我是不是有容易變胖的習慣？」讓我告訴妳，我所找到的減重方法！

只要養成好習慣，那麼不用刻意減重也可以變瘦喔！

減重需要養成好習慣～

1. 不要邊看電視或手機吃飯
因為可能錯過大腦告訴妳「好了，已經飽了」的訊號，所以要專心吃飯！

2. 一天只吃一樣糖果、餅乾、飲料、巧克力、麵包
不是每樣各一個喔！是只能選一個！如果無法直接戒掉這些甜食，那麼可以從一天只能吃一份開始！

今天只喝一杯飲料！

3. 一天睡眠超過七個小時
據說睡眠時間不足會增加食慾，所以睡飽可以減重，這是真的！

4. 多喝水
水可以幫助身體燃燒脂肪，同時能幫助降低食慾，當想吃零食時就喝水吧！

對了，還有最重要的一件事！
減重最重要的關鍵就是愛自己！

希望你用愛護且珍惜自己的心，
將身體與心靈鍛鍊成健康的狀態。
祝福你！

🐰🐰🐰 鍛鍊內心的三層階梯

一、觀察自己

因為減重不順利，所以我很擔心。

二、輸入新的想法

減重是只靠少吃多動，就可以達成的目標嗎？比起盲目的節食，改善變胖的習慣比較重要。

沒錯！就是這個！

心教練的減重祕方！

三、主人是我

我要自己決定目標的體重與達成的方法，而且前提是不會傷害健康！

我是最重要的人！

額頭不斷冒青春痘

「額頭總是長好多痘痘，就算經常清潔也沒有消失，該怎麼辦？」

—宋○○（小五）

我的身體正在長大成人

青春痘真的是位不受歡迎的客人！每次照鏡子都會很在意，甚至害怕被別人看到，連出門都覺得不自在。心教練有一陣子也經常冒青春痘，但是說不定這是我們的身體所發出的訊號，大約 12 歲左右，身體裡的細胞和荷爾蒙會為了成長開始慢慢的改變喔。

所以此時經常冒青春痘，這種時候該怎麼辦呢？

要堅決對抗青春痘，說著「我討厭青春痘，趕快消失吧！」還是要用化妝品遮蓋青春痘，又或者乾脆拜託媽媽帶妳去看醫生？

嗯，要不要換個想法看看呢？

「原來我的身體正在發生變化,雖然有點惱人,但先觀察看看吧!」

「聽說越在意就越容易惡化,放鬆心情去面對。」

就像身體不舒服時,心情也會難受。如果妳一直感到很煩躁,那麼體內的細胞說不定也會跟著躁動。

因為我們的身體與心靈是互相影響的。

曾經有人這樣說,如果額頭長痘痘,就代表有人偷偷喜歡妳!

如果樂觀的與青春痘和平共處,那麼就以正向的態度對待自己的身體吧!

荷爾蒙送妳一個表情符號－五顏六色的痘痘符號

我先收下了,我會認真思考如何與你和平共處。

臉上冒出青春痘代表我們的身體快要長大了,所以只要放輕鬆,並且愛護我們的身體就好了。

鍛鍊內心的三層階梯

一、觀察自己

我因為額頭的痘痘,覺得很困擾。

二、輸入新的想法

我的身體正在發育,青春痘是成長的訊號。

保持心情放鬆~

三、主人是我

煩躁的心情對痘痘一點幫助也沒有。我決定送給我的身體健康的食物和放鬆的心情!

愛
到底是什麼？

「我有喜歡的對象，但我也不太確定，愛到底是什麼呢？」

―施〇〇（小六）

的確很難定義
「愛情就是這樣子」

其實就連心教練也不太明白愛到底是什麼。這個世界存在許多難以定義的事物，而愛就是其中之一。

如同軟糖般柔軟

好像石頭般堅硬

好比樹木始終如一

一旦陷入愛情，我們的身體裡就會像開派對一樣，大量分泌荷爾蒙，像是多巴胺、苯乙胺、催產素、腦內啡等等。這些荷爾蒙會讓心情變好，即使熬夜也不會疲累，甚至不吃飯也不覺得餓！如果當妳想著對方時會有這種感覺，那麼應該算是喜歡了。

愛是經常在一起！

愛是給予！

不過呢,關於愛,妳必須先明白一件事。有人認為只要是相愛,就應該做什麼都要在一起;但也有些人認為每個人可以擁有自己喜好的事物。

就像每個人的長相、個性、成長背景都不同,各自的感受以及表達愛的方式也不一樣。

所以,很難去定義愛的樣子。以後妳也會遇到喜歡的人,彼此分享心意,在這些經歷當中,妳會慢慢自然的明白:「原來這就是愛啊」。

以另一種角度來看,努力成為讓對方開心的好朋友,也是一種愛的表現,愛,真的是一件非常美好的事情喔!

鍛鍊內心的三層階梯

一、觀察自己

我喜歡他嗎?
我自己也搞不清楚!

二、輸入新的想法

別讓混亂的自己陷入苦惱,
妳不一定要馬上找出答案。

要不要主動找他說話?

三、主人是我

我現在最真實的感受就是希望我們能成為想法很契合的好朋友!

這本書很有趣,你要不要看看?

好啊!

131_ 每個人都有煩惱

我還是好怕
打雷閃電

「我已經9歲了，但每次打雷閃電還是好害怕，該怎麼做才可以不再膽小呢？」

－郭○○（小一）

你知道閃電可以促進植物生長嗎？

天空烏雲密布，震耳欲聾的打雷閃電真的很可怕吧？但其實閃電是很強力的靜電，這道強大的靜電會讓周圍的空氣極速增溫，引起巨大聲響，進而產生雷鳴。

可是，妳為什麼會那麼害怕呢？是因為恐怖片只要一打雷閃電，就會出現可怕的畫面嗎？

心教練在調查閃電的時候，發現了一件很神奇的事。原來空氣中有種叫「氮氣」的東西，當閃電劈下來時，氮氣會跟著雨水落到地上，滲進泥土和岩石裡成為肥料，就連岩石或峭壁上也能長出花草，這就是大自然給予的天然養分呢！

因此在那之後，每當閃電打雷時，我就會想著「今天的天空很熱鬧，看來植物們明天可以長得更快了。」

就像在電腦裡輸入新的指令一樣，我也要用新的想法來升級我自己。

只要改變想法，那麼每當打雷閃電時，可以想著花草樹木變得更茂盛的樣子，是不是就不會害怕了？如果一心想著恐怖片的畫面，就會越來越恐懼，試著轉換心情，將腦海裡的圖像轉換成大自然，是不是就會開心許多了？

希望你不要害怕每件事情，而是盡量往好的方向想，這就是改變心態的方法。

鍛鍊內心的三層階梯

一、觀察自己

原來我會害怕打雷與閃電！

二、輸入新的想法

打雷閃電一定是恐怖的事情嗎？這個自然現象有助於花草樹木的生長。

三、主人是我

以後打雷閃電時，我要這麼想：「嗯，打雷閃電很努力在替花草施肥，雖然聲音很大聲，但這對美麗的花草樹木是很大的幫忙！」

135_ 每個人都有煩惱

我總是想
玩遊戲

「該是關掉遊戲的時候了，但我還想繼續玩，該怎麼辦才好？」

—鄭○○（小三）

設定可以遵守的承諾，並且不食言

心教練小時候，老師曾經讓我玩一個遊戲。老師有一隻毛茸茸、可愛的北極熊娃娃，他說只要我在30秒內不想那隻娃娃，就可以讓我帶回家，我原本認為這一點也不難，但沒想到在接下來的30秒裡，我的腦海中全都是那隻北極熊。

那時候心教練沉迷於看漫畫，經常不做功課，也不跟同學玩耍。我的內心有兩道聲音在彼此抗爭，一邊希望繼續看漫畫，另一邊希望我闔上書本。老師看出我的掙扎，這樣對我說。

「就像現在你告訴自己不要想北極熊，反而會更想它；如果你強制自己不要看漫畫書，那麼你會忍不住更想看。」接著老師讓我寫下自己可以遵守的承諾。

137_ 每個人都有煩惱

第一，
先寫作業，
再看漫畫。

在寫完作業前我會乖乖等你！

第二，
看漫畫的時間
一天不超過2小時。

哈哈哈
還剩下30分鐘～！

第三，
吃飯時以及睡覺前
不能看漫畫。

　　我記得當時我把這些規則寫在紙上，並且貼在書桌前，努力遵守。對每個人來說，克制自己本身就不是一件容易的事情。與其一味的忍耐，不如先訂立一兩個自己能做到的承諾，並努力遵守，這樣就能更輕鬆的掌控自己！
（但我偷偷告訴你，在遵守承諾的情況下所看的漫畫，感覺更有趣了！）

與其對難以遵守的約定感到困擾，
不如從能做到的小約定開始嘗試，
我相信你可以的，加油！

鍛鍊內心的三層階梯

一、觀察自己

我意識到自己過度沉迷於遊戲了。

二、輸入新的想法

不要只是煩惱,而是找出能真正放輕鬆、享受遊戲的方法!

不是每件事都能隨心所欲,我需要和自己的心進行協調。

就這樣,一步步做到吧!

三、主人是我

我是自己的主人,可以訂下適合自己的規則。

139_ 每個人都有煩惱

| 結語 |

朋友們，
謝謝你們一路陪伴到最後的煩惱！

有些煩惱也許跟你的很像，
有些也許跟你一點關係都沒有。
除了這本書裡提到的煩惱之外，
如果還有其他正困擾著你的事情，
我想你也已經知道該怎麼做了。

沒錯，就是試著「轉換心情」！

其實，心教練一開始也沒辦法解決所有煩惱。
只是每當遇到問題或覺得心情沉重時，
我不會放著不管，而是練習如何轉換心情，
慢慢的，心情也變得比以前輕鬆多了。

以後只要心情不好，
隨時翻開這本書，
一定會對你有幫助的。

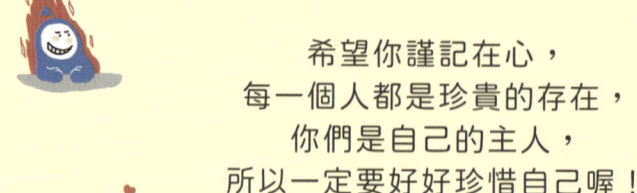

希望你謹記在心，
每一個人都是珍貴的存在，
你們是自己的主人，
所以一定要好好珍惜自己喔！

──替你們加油打氣的心教練

陪孩子鍛鍊心靈的肌肉：別擔心！
小學生的 30 個疑難雜症全都退散

作　　　者	：心靈的花
繪　　　者	：金孝眞
譯　　　者	：莫　莉
企劃編輯	：許婉婷
文字編輯	：江雅鈴
設計裝幀	：張寶莉
發 行 人	：廖文良
發 行 所	：碁峰資訊股份有限公司
地　　　址	：台北市南港區三重路 66 號 7 樓之 6
電　　　話	：(02)2788-2408
傳　　　真	：(02)8192-4433
網　　　站	：www.gotop.com.tw
書　　　號	：ACK018400
版　　　次	：2025 年 05 月初版
建議售價	：NT$380

國家圖書館出版品預行編目資料

陪孩子鍛鍊心靈的肌肉；別擔心！小學生的 30 個疑難雜症全都退散 / 心靈的花著；金孝眞繪；莫莉譯.-- 初版.-- 臺北市：碁峰資訊, 2025.05
　面；　公分
ISBN 978-626-425-026-9(平裝)
1.CST：兒童心理學　2.CST：兒童發展
173.1　　　　　　　　　　　　　114001973

商標聲明：本書所引用之國內外公司各商標、商品名稱、網站畫面，其權利分屬合法註冊公司所有，絕無侵權之意，特此聲明。

版權聲明：本著作物內容僅授權合法持有本書之讀者學習所用，非經本書作者或碁峰資訊股份有限公司正式授權，不得以任何形式複製、抄襲、轉載或透過網路散佈其內容。
版權所有．翻印必究

本書是根據寫作當時的資料撰寫而成，日後若因資料更新導致與書籍內容有所差異，敬請見諒。若是軟、硬體問題，請您直接與軟、硬體廠商聯絡。